DAXING CHENGSHI DIANWANG
YICHANG JI GUZHANG DIAODU YINGJI XIETONG CHUZHI

大型城市电网
异常及故障调度应急协同处置

国网天津市电力公司　组编

中国电力出版社
CHINA ELECTRIC POWER PRESS

内 容 提 要

　　本书是在调控一体化模式下对近十年大型城市电网主要一次设备异常及故障处置进行的梳理和总结。从收集的 1300 余个异常及故障处置案例中，精选了 20 个极具代表性的典型案例进行分析，案例部分分类依据为电力系统安全稳定导则中的三道防线，故障涵盖架空线路故障、电缆故障、变压器故障、母线故障、断路器故障、隔离开关故障等。

　　本书共分为大型城市电网协同处置概述和故障协同处置案例两大部分。第一部分大型城市电网协同处置概述包括大型城市电网的特点、电网故障与协同处置原则、调度控制协同应急处置发展建议及展望。第二部分故障协同处置案例包括简单故障、复杂故障的协同处置和多重严重故障的协同处置。

　　本书可供调度控制专业技术人员和生产管理人员参考、使用。

图书在版编目（CIP）数据

　　大型城市电网异常及故障调度应急协同处置 / 国网天津市电力公司组编 . —北京：中国电力出版社，2018.12
　　ISBN 978-7-5198-2853-0

　　Ⅰ . ①大…　Ⅱ . ①国…　Ⅲ . ①城市配电网–故障修复　Ⅳ . ①TM727.2

　　中国版本图书馆 CIP 数据核字（2019）第 001800 号

出版发行：中国电力出版社
地　　址：北京市东城区北京站西街 19 号（邮政编码 100005）
网　　址：http://www.cepp.sgcc.com.cn
责任编辑：邓慧都（010-63412636　379595939@qq.com）
责任校对：黄　蓓　郝军燕
装帧设计：张俊霞
责任印制：石　雷

印　　刷：三河市万龙印装有限公司
版　　次：2019 年 1 月第一版
印　　次：2019 年 1 月北京第一次印刷
开　　本：850 毫米×1168 毫米　32 开本
印　　张：2.75
字　　数：56 千字
印　　数：0001—2000 册
定　　价：20.00 元

编 委 会

主　任　王伟臣

副主任　王　健　黄志刚　王　鑫

编 写 组

组　长　刘海鹏

成　员　宋海涛　郝达智　王伟力　宋永贞

张　宇　姜　宁　赵　帅　孙　灿

刘　放　刘宪栩　徐　坤　何继东

王佰淮

序

　　随着城市电网规模不断扩大，新能源发电大规模接入，北方地区煤改电、铁路及地铁牵引站等重要负荷占比不断提高，对供电可靠性及电能质量的要求日趋严苛，对大型城市电网异常及故障的调度应急处置的机制形成及运转的需求日益迫切。

　　为持续深入推进调控深度融合，提高城市电网调控机构驾驭复杂大电网能力，推进"源、网、荷"等能源互联网要素对电网安全影响态势的分析研究，提升技术能力、控制能力和信息融合处理能力，确保电网安全稳定运行，不断提升电网管控的安全、质量、效率、效益，选取近十年大型城市电网主要一次设备异常及故障处置案例汇编而成本书。书中辅以部分事故现场图片，还原事故发生状态及调控应急处置过程，可供城市电网调控运行人员参考。有不足之处，请各位读者批评指正。

王伟臣

　　作为电网运行的控制指挥中心，调度机构必须结合先进科学技术，逐步将电网调度转型升级为智能电网调度，全面提升调度系统驾驭大电网的调控能力，尤其是大型城市电网异常及故障的应急协同处置能力。

　　本书共分为大型城市电网协同处置概述和故障协同处置案例两大部分。第一部分大型城市电网协同处置概述包括大型城市电网的特点、电网故障与协同处置原则、调度控制协同应急处置发展建议及展望。第二部分故障协同处置案例包括简单故障、复杂故障的协同处置和多重严重故障的协同处置。

　　本书是在调控一体化模式下对近十年大型城市电网主要一次设备异常及故障处置进行的梳理和总结。从收集的 1300 余个异常及故障处置案例中，精选了 20 个极具代表性的典型案例进行分析，案例部分分类依据为电力系统安全稳定导则中的三道防线，故障涵盖架空线路故障、电缆故障、变压器故障、母线故障、断路器故障、隔离开关故障等。

　　本书对案例的故障经过、故障设备检查情况、故障原因等内容都进行了较为详尽的阐述，探讨了大型城市电网主要一次设备异常及故障处置的主要思路和要点，总结了在设备管理、故障检查、故障分析、故障处理等环节的宝贵经验。本书为调度控制专业技术人员和生产管理人员提供了技术参考，有助于提升大型城市电网异常及故障协同处置水平，具有较强的专业指导意义。

由于编写时间仓促，工作经验和理论水平有限，书中难免存在不妥或疏漏之处，恳请读者批评指正，提出宝贵意见。

编　者

2018 年 11 月

目 录

第二部分　故障协同处置案例

第一部分

大型城市电网协同
处置概述

第1章

大型城市电网的特点

1.1 大型城市电网的概念

联合国通常将 100 万人作为划定特大城市的下限。2014 年 10 月 29 日我国公布的《国务院关于调整城市规模划分标准的通知》中，以城区常住人口为统计口径，将城市划分为五类七档。城区常住人口 100 万以上 500 万以下的城市为大城市，其中 300 万以上 500 万以下的城市为 Ⅰ 型大城市，100 万以上 300 万以下的城市为 Ⅱ 型大城市；城区常住人口 500 万以上 1000 万以下的城市为特大城市；城区常住人口 1000 万以上的城市为超大城市。

随着我国经济的发展和城市化水平的迅速提高，大城市的数量和规模都在急剧膨胀。根据对未来中远期电网发展规模的预测，我国不少大中城市在今后 10~20 年内的用电负荷将达到较高水平，会接近或超过当前国内城市的最高负荷。但土地资源紧张、供电走廊减少等问题严重制约城市电网的发展，并进一步制约城市自身的发展。这些城市未来目标网架的构建如果继续沿用旧有模式，将会降低电网的安全水平，对社会效益和经济效益产生不利影响。

对此，国外大型城市电网供电模式具有一定参考价值。巴黎电网强化主干电网辐射作用，突出分区供电。巴黎主干高压电网结构为两层输电环网体系，电网电压等级为 400/225kV。外层线路为 400kV，内层线路为 225kV，高等级主干站点多采用放射型结构延伸到配电网，彼此间互不相连，分区供电十分清晰。伦敦、东京电网强调主干电网多环联络，建设坚强可靠的供电网络。伦敦在城外形成 400kV 环形接线，275kV 电网形成双环网环绕在伦敦外部，从四周向城市供电。东京 500～1000kV 骨干输电线路以同杆并架双回线的方式围绕城市形成双环 U 形，将电力从多方向送入 275kV 枢纽变电站，再经 275kV 线路向都市中心供电。纽约电网采用条形带状加环形的高等级主干电网，构建连接主要功能区中心变电站的环网供电模式。纽约主干高压电网电压等级为 345、138、345kV 高压输电网呈"条形带状"结构，接线简单；138kV 电网以电厂为支撑，形成连接主要功能区中心变电站的环网供电模式。

在我国，电力供应的可靠性和稳定性在国民社会经济生活中的重要性日益凸显。作为企事业单位、工业、商业及人口高度富集的大型城市，对其配套的电网设备的密集程度、运行及管理水平的要求也不断提升。随着特高压工程的投运和配网分布式电源数量的不断增长，大型城市电网结构形态发生着重大变化，对市场化运作也提出了更高的要求。电网运行管理的各项业务适应新的外部要求，也处在转型过渡的关键阶段。在"互联网+""物联网"等前沿科技的推动及冲击下，电网公司单一售电模式将被打破，智能电网将作为新能源技术、智能技术、信息技术、网络技术对接最终用户的载体，实现能源的双向按需传输和动态平衡使用，最大限度地适应新能源的接入和消纳。

1.2 大型城市电网调控运行特点

1.2.1 传统调度运行体系存在的不足

传统电力调度体系基于层级结构管理，在统一调度、分级管理的原则下我国电力系统保持了长期安全稳定运行，成绩有目共睹。但是在电网安全稳定运行、供电质量、能源及资产效率、智能用电等要求越来越高的背景下，城市电网传统的调度运行体系也暴露出一些问题。

（1）主配网协调不足。电力系统是一个复杂的、相互联系的整体，各环节协调是系统运行的客观规律。长期以来，电网输配调度运行环节存在较明显的脱节现象，不同电网层级间的网架衔接和转供能力的综合利用不足，在省、地区电网加强三道防线协调优化不足，停电事故后各级电网、用户的信息沟通和快速恢复欠缺，制约了城市电网运行控制、资产效率、应急处置和客户服务水平的整体提升。

（2）调度控制效率偏低。调度运行环节较多，设备监视与电网监视分离，调度命令传递时间长，调度对电网的快速控制能力不足，操作和事故处理的效率、主配网协调的快速复电效率偏低。

（3）营配联动不足。对于城市电网而言，越靠近用户侧，营和配的融合就越突出，传统基于职能管理割裂的运行体系，各环节信息沟通不畅，上下级调度协作性不强，调度与营销客服间信息传递效率和业务联动性存在不足，导致客户快速响应难以实现。

在电力市场化改革的背景下，为了充分满足市场化条件下现代大电网下电力系统管理运行实时性、复杂性、随机性的特点，更需要加强对各环节的协调与配合，才能确保整个电网安全稳定运行，做到电力系统风险、效能、成本综合最优，提升电网总体运行效率和资产运营效率。

1.2.2 电网调控运行新特性

电力关乎国计民生，是我国的重要基础性产业。随着电网规模日趋增大，各电压层级、各运行环节相互联系和相互影响更趋紧密，系统运行特性更加复杂，城市电力用户对供电安全、供电质量的要求大大提升。可以预见，大型城市、中心城市电网在确保安全稳定的同时，将率先面临适应高可靠性、高电能质量的新要求，进入更加关注用户侧感受、信息双向互动的精益化电网调控阶段。

（1）主配调度一体化。电力调度中心作为电网的神经中枢，电网调度控制系统是实现调度运行体系运行水平的关键支撑。在大型城市电网中应结合城市电网业务，覆盖发、输、配、用全环节的特点，研究城市电网一体化智能调度技术支持平台。在多源数据接入和集成、各项业务协同机制等基础功能的支撑下，为中心城市电网输配协调运行和智能控制提供支持。

（2）营配信息集成化。基于营配信息集成，实现了主网自动化、配网自动化、营销系统、计量自动化系统、GIS 系统、生产管理信息系统等数据、模型的高度集成，实现了主配网全景式的运行监测、故障定位和电源追溯。面向营配联动的配用电调度技术支持系统，实现多方信息沟通的标准化，实现主、配网故障及停电信息的综合判断及系统间的工作单自动传送。

（3）办公场地集约化。大型城市电网各部门之间对数据传递的实时性和可靠性提出了更高的要求。当电网发生故障或异常时，需要主网、配电网、调度快速协同运行，因此需要建立可供主网调度、配网调度和客服调度等多方共同办公的集约化调度场地，探索开创多方协同办公的新模式。提高事故或异常处理时的沟通效率。

1.3 传统调控协同处置机制存在的问题

1.3.1 应急管理制度存在的问题

出现应急预案操作性不强、法律法规配合度不高、应急演练和重要用户保障不足以及多部门联动过程中协同等问题，其主要原因是制度设计不合理和缺少约束力。

（1）应急预案编制缺乏实践检验。在宏观上列出了许多原则和规定，但是落实到执行上却难以操作，即预案的操作性不强，缺乏科学性、针对性。究其原因，预案的编制往往只是对上级文件的要求照搬照套，没有结合各地或各单位的实际情况编写，更没有经过实践的执行检验，没有操作细则，这样导致在实际应急处置过程中的应急预案形同虚设。领导代替预案规定做决策，而没有按部就班的预案作为行动准则，联动便难以实现。

（2）应急预案的编制和执行缺乏联系。应急预案在编制的过程中，往往都停留在就事论事的阶段，每一部预案的独立性都很强，包含的内容可能都很广或针对问题的单一，却缺乏必要的联系。因此，存在着不同预案对相同的问题都有涉及，造成了重叠的现象；不同预案对同一问题所规定的处置方式可能又不尽相同，造成了"交叉"现象；而在不同的预案缺乏必要的联系，造成执行上的混乱。整体应急预案体系的梳理工作还任重道远。

（3）应急演练工作的开展缺乏行政约束力。在应急演练工作开展上有制度的规定，但是缺乏相应的行政约束力。由于没有强制性的约束措施，各部门便有理由将此选择性执行。跨部门的联合应急演练在没有行政约束力的情况下则更难开展，即使个别部门有联合演练的意愿，如果没有高层行政领导的要求和督促，其他的部门根本不会参与到演练当中。

1.3.2　电力应急联动的资源储备没有统一管理

由于条块分割的行政体制，造成应急人员的物资配置由各部门和各企业自行出资配置或购买的现状，由于权属的不同，不同行业相互之间应急资源的联动共享存在许多现实的困难。也正是由于这样的原因，从总量上看应急资源的配置率并不低，但是在实际应急中可支配的资源不足。管理部门虽然对应急资源的信息进行了统计，但是没有统一管理的权限，从宏观上对应急资源的需求、购置数量等很难对社会中各企业提出具体要求，这也使应急资源在配置上不容易达到最优。

1.3.3　应急信息沟通存在的壁垒

信息壁垒是一个广泛存在的问题，部门与部门之间的信息沟通无法避免内部信息沟通的问题，各主体对信息的选择性公开，造成了应急信息共享程度不高的现状，其原因是不同主体之间存在着目标或利益不一致的情况。因此，各信息公开主体没有在明确的要求下，容易出现公开的信息量少或公布无效信息的现象。各部门之间的信息平台不同，所使用的技术术语不一致这一现象，同样体现了对信息沟通环节所要求的规范性和一致性还不够的问题。

1.3.4 主观意识影响联动的实施

除去体制、制度等客观因素外，人员主观意识同样影响联动的实施。在当前体制和制度不够完善的情况下，联动能否顺利实施还有赖于执行者的主观能动性。联动过程中反映出来的问题与个人的主观意识有很大的关系。拥有决策权力者对联动情况不及时跟踪、执行者不够主动反馈情况、各部门间只看重部门利益而不积极配合联动等，都是影响联动实施的主观因素。主观意识的改变，将能够在很大程度上促进联动更有效开展。

第2章

电网故障与协同处置原则

2.1 大型城市电网异常及故障分类

电力系统事故是指由于电力系统设备故障、稳定破坏、人员工作失误等原因导致正常运行的电网早到破坏，从而影响电能供应数量或质量超过规定范围的，甚至毁坏设备、造成人员伤亡的事件。

在电网运行中，由于各设备之间都有电或磁的联系。当某一设备发生故障时，在很短的瞬间就会影响到整个系统的其他部分。因此，当系统中的某些设备发生故障或不正常工作等情况时，都可能引起电力系统事故，引起电力系统事故的原因主要有：

（1）自然灾害、外力破坏。

（2）设备缺陷、管理维护不当、检修质量不好。

（3）运行方式不合理。

（4）运行人员操作不当和继电保护误动作等。

电力系统故障事故范围，可以分为全网事故和局部事故两大类。故障类型可以分为人身事故、电网事故、电气设备事故等。

人身事故是指从事与电力生产有关的工作过程中，本单位或外单位人员发生人身伤亡的情况。

电网事故是指在电网中运行的设备发生故障、电网受到不可抗力因素影响或保护误动、人员操作失误等情况，造成电网频率稳定、电压稳定或功角稳定破坏，对用户减供负荷达到一定程度、电能质量不合格等情况。

电力企业发生设备、设施、施工机械、运输工具破坏，造成直接经济损失超过规定数额的，为电力生产设备事故。

我国政府及电力相关部门在电力系统安全事故处置、调查方面有明确规定，具体法律、法规如表2-1所示。

表2-1　　　　　　　电网事故处置相关法律法规

规程名称	实施日期	颁布部门	主要内容
《电力安全事故应急处置和调查处理条例》	自2011年9月1日起施行	中华人民共和国国务院	根据电力安全事故影响电力系统安全稳定运行或者应县跟电力（热力）正常供应的程度，将事故分为特别重大事故、重大事故、较大事故和一般事故，规定了事故报告、应急处置、调查处理的要求
《电力安全事故调查程序规定》	自2012年8月1日起施行	国家电力监管委员会	规定了电力监管机构开展事故调查的人员组织、调查方法、调查内容、调查结果及处罚等方面的具体要求
《国家电网公司安全事故调查规程》	自2012年1月1日起施行	国家电网公司	将人身、电网、设备和信息系统四类安全事故分别分为一至八级事件，规定了事故报告、调查和统计的要求

2.2 大型城市电网协同处置原则

各级调度员是电力事故处理的总指挥。各级调度按调度管理范围划分事故处理权限和责任。在处理系统事故时，各级值班调度员应做到情况明、判断准、行动快、指挥得当，其任务为：

（1）尽快控制事故发展，消除事故根源并解除对人身和设备安全的威胁。

（2）用一切可能的方法保持电网的正常运行及对用户的正常供电。

（3）尽快使各电网、发电厂恢复并列运行。

（4）尽快对已停电地区恢复供电，对重要用户应尽可能优先供电。

（5）调整系统运行方式，使其恢复正常。

电网故障的处置以电网调控机构为主，电网调控机构作为电网运行的"大脑"，担负着领导、指挥、指导、协调电网实时运行、缺陷及故障处置、电力电量平衡等核心职责。在确保安全的基础上，完善相应的工作制度、业务流程、标准体系和技术手段，使电网调控工作适应"互联网+"和电力市场化形势大型城市电网的运行特点，结合特高压接入、优质服务和电力体制改革对电网管理的新需求，全面提升城市运营核心竞争力。

2.3 新型城市电网协同处置机制建设

2.3.1 完善适应大型城市高效电网运行组织模式

2.3.1.1 加强业务融合，推进"调控合一"运行模式

调控中心统一归口电网调控专业管理职能，统一制度标准、业务流程、工作规范、业务评价考核及专业培训。各供电分公司按管辖范围分别负责调度自动化、配网自动化及配网抢修指挥平台主站运维，协调所辖厂站端及配网终端自动化运维消缺。采取

"调控合一"的运行模式,加强变电运维业务与调度业务的集约化,促进监控、调度值班模式的调整与融合,提高电网稳定运行与安全保障能力。落实500kV及以下断路器监控远方操作和35kV及以下二次软压板监控远方操作的要求,实现遥控防误操作闭锁功能,在提高电网操作效率的同时确保操作安全。

2.3.1.2 完善配网抢修平台,适应"互联网+"新环境要求

(1)建设配网自动化系统及配网抢修指挥平台。结合配电自动化系统建设,进一步完善配网抢修指挥系统,并充分利用现有生产管理系统、电网GIS平台、"95598"系统等相关资源,依托"互联网+"智慧能源的技术发展,按照标准规范完成系统间的信息交互。为保证建设期间电网的安全稳定运行,制定了配网抢修指挥平台建设临时方案。在配网抢修指挥班(岗位)配置"95598"、营销系统客户终端,实现配网故障抢修类工单的接收、下发和处理,查询配网设备及客户资料。在配网抢修指挥班(岗位)配置GIS和PMS终端,为故障研判定位提供信息支撑。

当监控系统发出异常信号时,值班监控员及时通知相应的运维人员,并将相关信息上报值班调度员。同时,运维人员接到通知后立即派人到现场检查设备,并将现场情况上报值班监控员,在值班调度员的指挥下进行异常处理工作,待现场异常全部处理完毕后,由运维人员将现场的异常处理情况上报值班调度员,并确认现场监控信号。

(2)建立完善配网抢修指挥业务交接体制。成立配网抢修指挥业务组织机构,编制交接方案,明确相关部门及岗位的职责;交接前一周向上级调度提交交接申请,同时上报配网抢修指挥体系建设报告,经上级调度审核同意后,方可进行业务交接。完成

配网抢修指挥班（岗位）建设，人员配置到位；进行配网抢修指挥场所建设或改造，配网抢修指挥场所与配网调控班同楼、同层、不同房间；建立配网抢修指挥相关标准、规章制度及流程；完善配网抢修指挥班（岗位）"95598"、营销系统客户终端配置，并具备必要的通信及办公条件。

调控一体化实施后，监控发现事故、异常信号时，直接以面对面的方式汇报调度，调度做出判断后，直接下令由监控人员对相关设备进行远方遥控、遥调操作，显著提高事故、异常响应速度，尽可能减少事故、异常处理时间，降低可能造成的经济损失。

（3）加强语音播报系统管理，拓展信息发布方式。各级调度机构加强语音播报信息录入工作的检查、维护和考核，确保将停电信息及时、准确、全面地录入到"95598"客户服务系统中，同时将语音播报与配网自动化系统连通，实现故障发生确认后的自动播报；积极拓展信息发布方式，采用目前普遍使用的微信公众号、短信平台等方式发布停电信息，更好地为用电客户服务。

2.3.1.3 加强无人值守变电站建设，提升调控运行效率

（1）统筹协调，稳步推进无人值守变电站改造。对已有无人值守变电站，结合其运行情况重新整理、修订改造计划，针对在立项、改造、运转中存在的问题，积极采取措施，提升工作效率，保障安全运行。对不具备无人值守条件的常规变电站，及早规划，将其列入年度大修技改项目范畴，申请公司予以政策、资金、技术上的支持。对正在进行智能化改造的变电站，加快施工进度，制定详细的设备停电计划，并将其纳入检修计划平衡会议程，在电网停电方式上予以支持和安排，确保智能化改造整体顺利推进。对运行中的无人值守站，加强设备的运行维护，定期安排检

查消缺，组织进行变电站二次设备信息接入专项检查，对存在的缺陷及问题进行统计梳理，制定整改方案，限期进行处理，确保设备的安全稳定运行。

（2）整合现有监控资源，调整中心变电站业务职能。对管理站点多的中心变电站增加站内运行值班人员，或者考虑采用"少人+监控"模式，提高电网运行的安全可靠性。综合考虑中心站的地理位置、重要程度、操作水平、故障概率、交通条件等因素，合理选择中心站的地点，配备充足的交通工具，减少外部因素造成的延误以及由此带来的安全风险。调整中心站业务职能，站内运维人员负责电网故障时的设备消缺、事故处理等突发事件，正常设备的运行维护及停、送电操作由专业人员进行，减少中心站的操作量，运维任务重的中心站应至少配置两组运维人员。开展各地区调控中心调度运行岗位值班人员与监控运行岗位值班人员的交叉培训，推进轮岗值班试点，培养复合型值班人员，最终实现调度员与监控员的岗位融合，进一步提高调控人员业务水平。

2.3.2 优化具有运营核心竞争力的全电压等级调度业务流程

2.3.2.1 完善电网调度风险管理体系，确保电网安全稳定运行

针对电网安全风险管控中存在的问题，通过建立市、地一体化电网运行风险闭环管理体系，保证电网在出现运行薄弱点时，从风险预警发起、各部门进行风险管控到预警解除等各环节均有责任部门、责任人员负责落实，实现电网运行风险闭环管理，为电网安全稳定运行保驾护航。

（1）开展电网运行风险全过程、全方位、全周期管理。明确职责分工，确定安质部、运检部、建设部、营销部、发展部、科信部、调控中心、检修公司等部门/单位的风险管控责任，并将工作落实至每个专责，确保责任到位。明确各类预警发布规定，确定年度风险预警、月度风险预警、周风险预警、日前风险预警（预警生效）、实时风险预警的发布时间、发布形式、管控措施落实要求、风险解除条件等，实现电网运行风险闭环管理。明确各级单位风险管控范围，四级及以上事故风险发布须经部门主任审核后提交公司领导签发，各相关部门主任负责接收并落实管控措施。五、六级事件风险发布须经部门主管主任审核同意后发布，各相关部门分管主任负责接收并落实预控措施。实时风险预警由值班人员电话请示分管主任后，按风险等级向有关领导和部门主任发布。明确监督与考核机制，安质部对风险预警发布内容、事故预案、风险预警单会签、风险管控措施制定及落实情况等进行监督检查，并纳入公司月度及年度安全考核。调控中心、科信部对风险预警执行各环节提出考核建议。

（2）建立电网调度运行风险管控制度，规范管控流程。调控中心牵头组织制订《电网运行风险预警全过程管控实施细则》，规范工作职责、流程、内容、措施和要求，健全电网风险管控机制，实现电网运行风险从预警发布、风险管控措施落实到事后监督考核全过程覆盖，保证电网运行风险可控、在控。各地调依据《电网运行风险预警全过程管控实施细则》的要求，结合自身实际情况，制定适合本地区的电网风险管控实施规范，明确风险管理的工作思路。从电网运行风险预警辨识、预警发布、相关部门落实措施、预警解除、事后监督等方面规范流程，开展电网运行风险管控工作，确保电网安全稳定运行。

（3）加强备调建设，提高调度应对突发事件能力。各供电分公司领导应高度重视备调建设工作，积极统筹安排，将备调建设纳入公司的重点工作计划，成立备调建设专项领导小组，制定详细的备调建设方案及组织措施、技术措施、安全措施，并从选址、通信、自动化等方面进行全面统筹安排，切实加强人员、资金、设备、项目的支持力度，并对工作开展进行全程监督，确保备调建设有序推进。对已经建立备调的地区，调控中心应定期组织演练，不断细化主备调切换的各项工作流程，提高地区调控中心应对突发事件的能力。

2.3.2.2 深化业务转型，提高调控业务在线化、精益化水平

制定核心业务流程规范。细化公司调控中心核心业务流程，依据国家电网公司统推，出台相应的流程规范。各供电分公司根据自身实际情况再进行细化，制定下发具体的实施细则，解决目前"一套系统一个标准"的情况，实现核心业务流程的全覆盖。

（1）深化电网运行方式协同计算和编制。强化新投、技改设备实测模型数据的滚动入库工作，完善相关工作审核流程，不断提高离线计算数据的完整性、正确性和时效性。在月度校核、夏季滚动、冬季滚动及年度方式分析中，并行开展集中、异地协同方式计算；统一地区电网年度运行方式编制要求，将年度方式主要内容纳入主网运行方式，建立健全计算分析和安全校核机制，确保运行方式安排的科学性。完善发电能力申报系统建设，实现发电能力工作要求，调控中心统一编制统调机组及地区电网小机组总功率的发电计划，细化调度计划管理，年内建设日前滚动计划管理系统并上线运行。开展停电计划一票式流转功能全部上线

应用，加强电网模型数据库维护，实现电网运行工况信息及时更新，加快日内计划功能模块开发建设，实现国（分）调、市调日前调度计划协调制定、量化安全校核统筹开展和设备停电检修业务的一体化运转。运行管理系统（OMS 2.0）在 D5000 平台提供数据服务的基础上，结合管理系统的特点，实现多级立体式互联互通架构。

（2）全电压等级调度实现统一平台、统一流程、统一运行管理。在统一平台方面，实现集约化、扁平化、专业化管理，深化调控中心运行业务一体化运作，实施市调标准化建设、同质化管理，提升调度控制精益化管理水平，实现横向业务融合与纵向业务贯通，有效消除信息孤岛，并对未来需求提供支撑。在统一流程方面，按照国调中心统一组织的业务流程规范制定和典型设计，统一业务流程和功能，对纵向业务贯通和横向业务融合进行规范。依据统一标准流程规范，采用 D5000 系统工作流引擎对流程进行工作流模板定义，各级调度作为该流程中的分支流程并基于该流程模板进行流转审批。在统一管理方面，标准业务流程结合安全内控管理，实现对业务流程中的工作节点内容、时限要求进行固化，在流转中实现上下支撑、相互监督。

（3）研究电力流、信息流和业务流的高端融合，升级传统电力商品。结合智能电网技术、新能源技术、信息网络技术，依托营销的高级量测系统，包括数据采集系统和量测数据管理系统，实现功能架构中的支撑层的互联互通和量测数据管理功能，提供互动多样的用电服务。根据客户个性化、差异化服务需求，实现能量流、信息流和业务流的双向交互，满足多样化用电服务需求，提升客户满意度。

电力公司直接为电力客户提供电力供应和智能化用电服务，与电力客户之间存在大量的能量流、信息流、业务流的交互，不同系统（智能变电、智能配电、智能调度、通信信息平台等）之间也存在信息交互和业务联系。

2.3.2.3 开展大数据技术应用，实现电网设备诊断分析智能化、自动化、可视化

（1）开展调控数据挖掘与应用，实现保护定值在线校核及安控信息集中监控。推广继电保护定值在线校核及预警技术，加强安全控制装置在线监控管理，开发实现安全控制装置运行信息的实时监视、安全控制策略异常告警功能，实现与在线安全分析、综合智能告警等系统对接应用。开展节能型继电保护状态检修试点，总结经验并在全市范围推广继电保护状态检修工作，加快研发保护定值在线校核功能，尽快完成继电保护状态检修管理系统的保护设备基础数据录入工作，实现闭环管理。

（2）实施电网全过程状态智能分析与监控策略，实现电网潜在故障的在线全过程安全评估。加强项目立项及资金扶持，将通信网升级改造及各供电分公司光纤覆盖工程列入年度改造计划，切实解决通信受限问题。对现有的自动化系统做好信息核对工作，改进技术手段，在地调度自动化平台实施配网接线图标准化、电子化工作；在有条件的核心城区配网推广配电自动化系统，在其他配网增加关键点运行信息采集设施，逐步解决配网"盲调"问题；加快配网通信传输设施建设，提高光纤通道覆盖率。

对于大电网的不同时间尺度的动态过程，需要用各种尺度的仿真分析程序进行分析，包括利用静态安全分析程序、机电暂态

仿真程序、小扰动分析程序、中长期仿真等程序对电网静态稳定、功角稳定、暂态稳定、电压稳定、频率稳定、中长期动态仿真等程序进行多时间尺度全过程分析。全过程安全评估能够完整分析电力系统机电暂态过程、电力系统发生严重故障后全过程（从机电暂态过程到中长期动态过程）、电力系统正常运行状态的调整以及事故后恢复等各种过程。

（3）加强电网安全稳定快速分析及调控，推进电网沙盘－可视化互动技术。可视化技术是加强电网安全稳定快速分析及调控的基础手段。电力系统安全稳定有关信息的数量和种类是海量的，在多维可视化技术的基础上，将电网状态的广域宏观建模与物理设备微观建模有机结合，构造电网沙盘，能够充分观察电力系统复杂多变的动态过程，甚至辅助调控电力系统。

通过三维技术对电力系统的重要物理设备进行模块化设计，将电网设备、属性信息与地理空间数据有机结合起来，进行空间数据与属性数据的统一管理和交互操作，采用数据驱动方式，快速生成变电站、发电厂、电力线路等的三维模型，对各种数据进行分层显示。同时，允许用户在三维场景中交互式完成场景浏览、漫游、定位、分析等功能，以全方位、直观、形象的方式展现电网原貌，辅助运行人员正确决策，使作业更方便、快捷。

通过广域测量技术将电力系统广域监测量与三维模型有机结合起来，形成多维的全网信息可视化工具。分析人员借助强大的电网沙盘功能，在三维图形上进行电力系统的各种操作，观察各种操作对电力系统的影响，快速形成决策序列并做出控制决策。

2.3.3 提升智能电网调度控制支撑保障水平

2.3.3.1 完善 D5000 功能模块，提高电网综合分析能力

积极借鉴先进地区的运行经验，在现有 D5000 系统四大功能的基础上开发电网故障智能告警、电网在线安全分析等电网辅助决策功能模块，提高系统对实时调度运行的技术支持水平。

（1）开发电网故障智能告警功能模块。电网故障智能告警功能模块主要是收集事故总信号、厂站告警信息、PMU 数据和故障录波等核心数据并进行整理分析，判别系统运行的异常情况并通过多种方式告知运行值班人员，使其及时准确了解电网的实时运行动态并识别电网故障，从而缩短设备故障处理和隐患排除的时间，减轻值班人员的日常工作量，提高电网安全稳定运行能力。

（2）开发电网在线安全分析功能模块。电网在线安全分析模块主要是实时跟踪电网的运行情况，在一定时间内全面系统地定量分析电网的安全稳定域，查找存在的稳定极限越限情况，并提供辅助决策，从而实现电网风险的检测和预警，辅助调度员进行电网的运行调整，提高调度员事故判别能力和电网安全稳定运行能力。

（3）自动化系统传动流程。相关工作班组在变电站内进行各种需要传动的检修工作，传动前工作班组应提供传动所需要的信息表并负责配合调控班进行远方传动，正确后方可报完工。基建、改、扩建工程投运前或现有无人站接入地区调控中心前，应由施工方根据信息管理规范组织审核信息表，确定后报送调控中心，调控班监控员对报送的信息表再次审核后进行传动，传动正确后方可投运。监控员最后仍需再测试遥控功能。

2.3.3.2 全面提升无人值守及集中监控技术，提高电网集中监控水平

（1）加快完善智能电网技术支持系统监控功能。拓宽 D5000 系统监控应用模块的功能，规范监控系统图形界面，完善设备监控信息、缺陷管理、监控运行等查询统计分析功能（如历史查询、监控巡视图形记录、复位比对、信号封锁等）。要求各基层单位对照完善监控功能内容，在全面现状分析的基础上，逐一列出每项工作的工作计划，明确时间节点和责任划分。

（2）加强无人值守变电站监控技术管理。进一步完善 220kV 及以上变电站继电保护和安全自动装置微机化、方式状态上送、工业视频系统自动巡视等方面技术条件，加强 35～110kV 无人值守变电站技术改造，规范统一时钟、闭锁式高频保护通道自动测试功能、安防消防告警信号等方面技术标准；加强变电站视频监控、消防及安防告警系统的运行维护，将其纳入变电站的日常工作中，定期对设备进行检查、清扫、试验；针对恶劣天气等特殊情况应开展特巡，确保设备的安全稳定运行。

2.3.3.3 建立"横向协同、纵向贯通"的全电压等级无功电压优化管控系统，提高电网无功电压运行水平

基于智能电网调度技术支持系统（D5000）平台的 AVC 功能，建成了"横向协同、纵向贯通"的全电压等级无功电压优化管控系统。系统覆盖网内各电压等级厂站，具备网—省（市）—地三级协调控制功能。市调 AVC 主站负责网内 220kV 主网控制目标优化计算，并满足华北分调 AVC 系统在 500kV 变电站协调关口指令，完成对 220kV 电厂、集控站的无功电压控制指令计算、发送；电厂 AVC 子站负责解析、执行机组调压指令，上送机组调

压能力；监控 DVC 子站负责接受、解析集控站控制指令，根据站内设备运行情况、设备动作次数、保护、闭锁信号等因素，选择具体设备执行主站无功遥调指令；各地调 AVC 子站负责本地区电网无功电压控制并满足市调 AVC 协调关口功率因数要求，各系统相互协调，共同实现了天津电网全电压等级无功电压智能控制。

在 AVC 系统运行维护方面，天津市调建成了多维度、全方位维护保障体系。该体系纵向上贯穿检修公司、电科院、地调、市调；横向上涵盖调控、系统、自动化、保护各专业，权责分明、多方协作，共同完成天津电网全电压等级无功电压智能控制系统的运维工作。

2.3.3.4　推进电网二次系统建设，全电网设备状态感知，实现设备状态可控、在控

保护及信息管理子站（简称保信子站）主要用于厂站端保护信息、故障录波器信息的记录和管理，通过调度数据网络将数据上传至市调，从而完成信息的采集、记录、存储和上传。保信子站是一套独立的保护信息自动化系统，其运行更稳定，信息采集更加完整、准确，而且能够实现自动化信息的有效过滤，从而改善目前无人值守变电站二次设备信息上传数据量大、准确性低的问题，提高调控人员事故处理的效率。

通过快速仿真决策协调/自适应控制和分布能源集成，实现实时评价电力系统行为，应对电力系统可能发生的各种事件组合，防止大面积停电，并快速从紧急状态恢复到正常状态。分析超大型城市电网的结构特点、运行方式与大电网的区别，将自愈控制引入超大型城市电网，提出超大型城市电网自愈控制体系结构，

设计整个系统的框架。

2.3.3.5 积极改造现有调控场所，完善调控场所通信设备，确保调控信息通畅

结合自身实际情况，积极借鉴兄弟单位的建设经验，考虑采用室内改造、室外加盖等多种方式，因地制宜，周密设计，尽快完成现有调度场所的改造，及早解决值班人员同班不同室、场所拥挤的现状，营造舒适的工作环境，确保电网的安全稳定运行。同时将新调度室建设纳入公司的远景规划，结合调度运行工作的发展趋势，借鉴国内外先进场所的设计经验，精益规划，建成国内一流的调度大厅。建立调度场所通信网络，配备电力内网载波电话和公网通信的一主一备通信系统，提高其运行可靠性；加强调度通信硬件设施维护水平，定期进行主备切换试验，确保系统的畅通和高效稳定运行。

2.3.4 提高核心竞争力的新能源发电企业服务理念

2.3.4.1 优化电网运行，实现能源的双向按需传输和动态平衡

（1）加强新能源电厂的运行管理，提高运行水平。风电场、光伏电站设备故障仍然较多，特别是动态无功补偿装置故障较为频繁，需要引起重视。新能源场站要加强保护、自动化等二次系统的管理维护，做好基础数据整治，准确可靠地向调度传送调度运行和测风、测光气象信息，提高功率预测精度；加快有功智能控制执行子站建设步伐，尽快接入智能有功控制系统，依据发电厂并网运行管理规定和《关于促进电力调度公开、公平、公正的暂行办法》，实现在统一平台下的"三公"调度。坚持开展新能源发电厂核查，全面了解其并网性能，科学评价新能源接入电网

运行的安全水平。

（2）深度挖掘优质服务和电力体制改革对各方的影响，建立"三公"调度信息平台，加强与新能源电厂的沟通。

深度挖掘优质服务和电力体制改革对各方的影响，建立责任制，严格监督检查，将"三公"调度作为评价调度机构工作的重要内容；严肃"三公"调度工作纪律，严格执行《国家电网公司电力调度机构工作人员"五不准"规定》；积极组织建立"三公"调度信息发布平台，建立日、周、月、季、年度调度信息通报机制，定期发布设备运行情况、检修计划、开机方式、外送计划、电力平衡情况、通道稳定极限、利用小时数、弃风弃光情况等电网运行动态，确保调度信息的公开性。完善厂网联系制度，每年至少召开两次厂网联席会，借助厂网联席会，就新能源外送、电厂调峰、电网稳定计算、网架结构规划等焦点问题积极展开讨论交流，进一步开拓新能源电厂发展前景。

2.3.4.2　简化新能源场站并网流程，提升服务质量

国网天津市电力公司根据其地域和电网的特点制订了"上级建章立制、下级操作实施、对口专业指导"的新电源管理原则，由市公司建立管理机制和节点流程，属地供电公司负责具体操作和实施，由专业支撑单位提供技术指导。属地供电公司在具体工作开展过程中以安全管控为中心，创新了"沙漏式"新电源项目管理模式，形成了一种天津公司和属地供电分公司"两级联动"，省公司级电科院、经研院和信通公司"三方配合"的全新管理机制，全面服务于分布式电源的接入管理工作。

按照专业管理的责任划分，以专业管理的目标完成为目的，调控中心主要负责新电源项目的并网服务、调度运行，主要完成

电网运行安全的指导以及指挥责任。分析研究主要环节应该解决的问题，形成了分布式电源管理上独特的管理体系。

2.3.4.3　加强新能源场站基础数据整治工作，提高新能源消纳

（1）加强新能源场站上传数据整治工作。规范新能源优先调度工作流程，从计划、控制、交易等方面为优先调度新能源上网创造条件。分析网内火电运行、电网检修、新设备启动等情况，及时升级新能源有功智能控制系统，实现风电、光伏发电、水电及火电联合智能控制，建立典型燃气机组的出力典型曲线，利用有限通道最大化地输送清洁能源。进一步完善新能源调度技术支持系统，开发建设新能源优先调度和运行评价技术支持系统；加强基础信息接入，完成理论功率计算，与新能源发电厂实现新能源的消纳电量。针对并网新能源场站在调度运行信息上传方面存在问题较多，信息中断、误码情况时有发生，个别风电场未建测风塔，绝大多数风电场测风塔不具备实时向本场监控系统和调度中心传送测风数据的功能的情况。组织开展新能源发电厂基础数据集中整治，对各新能源电厂存在的问题进行限期整改，切实提高电厂实时信息质量。

（2）加强新能源电厂培训，提高人员业务能力。建立发电企业调度运行人员持证上岗培训制度，统一制定运行人员准入资格条件，健全和完善管理制度，加强队伍建设，提高业务素质，确保厂网工作协调发展。强化新能源发电企业人员培训工作，提高新能源发电企业对新技术的了解，重视电厂人员培训工作。通过培训、宣讲等多种方式帮助发电企业解决人才队伍问题，做好专业人员的传、帮、带，切实提高现场运行人员业务素质。

2.3.5　建设适应新环境的调控运行人员选配培训制度

2.3.5.1　增加各级调度人员配置，确保到岗到位

由人力资源部牵头，会同调控中心、运检部、办公室、财务部、后勤保障中心等部门联合组成调研小组，对各地区调控中心运行岗位人员配置情况进行考察，确定人员结构，因地制宜，适时调整人员编制，采取差异化的定员政策，坚决杜绝管理人员占用调控运行岗位，实际从事其他工作的现象，对存在这种情况的地区应限时限期进行整改，追究相关领导责任，切实维护调控人员的权益。

在调控人员选拔上应选用年轻、富有朝气的专业技术人员，逐渐完善市地两级调控机构人员队伍，提升管理水平。分层次、分阶段开展"大运行"体系调控运行管理专题全员培训。按照全员参与、突出重点、系统培训的原则进行。确保调控系统全部人员能够充分认识和正确理解大运行体系建设工作思路；提升各地区调控中心专业技术人员管理水平，提高调控人员业务技能；提升员工队伍安全理念和素质，为调控运行管理工作的进一步推进提供安全保障。

2.3.5.2　合理规划培训体系，确保调控人员业务素质。

市地两级调控员是为保障电网的"安全、稳定、优质、经济"运行而对电网进行组织、指挥、指导和协调的人员，是电网安全运行的重要保证。调控员应具备过硬的业务能力及良好的心理素质，做好培训工作是提高调控员综合素质的重要保障。确定领导的培训责任、明确培训重点、制定完整的培训计划、加强培训组织协调、采取多样化的培训形式、加强培训评估及考核六个方面。

第3章
调度控制协同应急处置
发展建议及展望

3.1 调度控制应急协同处置发展建议

3.1.1 电力应急制度体系建设完善

3.1.1.1 完善应急预案体系

电力应急预案可以从以下几个方面加以完善：一是应急预案的制定必须要科学化，具有实际操作性。省市各级调度部门应该在"处置电网大面积停电事件预案"的基础上编制预案实施细则或操作手册，使应急处置工作能够基本依照预案中的方案执行，使预案内容不仅仅停留在简单的原则性要求上，同时明确大面积停电处置预案的触发条件，解决预案中交叉的问题。在发生大面积停电事件时，无论事件的成因，都应相应启动应急预案。二是加强应急预案的演练。通过演练来检验应急处置人员、应急救援队伍的应对能力，发现各级单位的电力应急机制在人员调配、物资保障、资源整合方面的运作水平，切实保证突发电力事故发生时各级部门能够相互协调，共同应对。三是注重各项预案之间的衔接性。确保各项预案在应对电力突发事故时相互协调，明确重大灾害情况下灾害预案和大面积停电预案等相关预案的关系，以及响应启动的顺序和原则等。四是政府应对各企业完成应急风险的排除工作提供有效的支持，协助电力、通信企业清理危害线路安全的超高树障，落实其他企业应急预防工作的需求。

3.1.1.2 加强应急演练工作

应急演练的主要作用在于：能够检验大面积停电下联动机制能否有效实施；能够使相关单位明确自身职责，为事件真正发生时的联动打下基础。加强应急演练工作，应遵循企业部门内部演练和跨部门组织的联合演练相结合的原则。

各单位内部的应急演练将应对停电的处置工作纳入应急演练的内容中，并加强应急人员和应急资源对停电的处置能力，尤其是城市生命线工程的通信、供水、医院、油品供应等企业，要制定详细的应对大面积停电的应急操作细则。

3.1.1.3 建立多元参与应急联动的立法体系

拥有完善的法律法规体系，才能明确定位和规范应急管理各参与主体的角色、权责和参与方式。虽然现在有一系列关于电力应急的法律法规，但对于应急联动应有更加细致明确的界定。以法律的形式明确应急联动的法律地位；明确应急联动各参与主体的权责体系、参与过程、地位范围以及过程分工等，消除各项单行法律之间的冲突，加强协同合作。

3.1.1.4 完善重要用户保障体系

目前还没有对重要电力用户保障体系的统一规定。水厂等重要用户应配置自备电源，以完善其自我保障能力。对于高压电源等成本较高、企业无力自备的电源，可以通过社会化等方式解决。

电力企业应根据需求制定行业重要用户名单，并在重要用户保障制度上进行规范，避免企业仅从自身经营角度出发制定重要用户。要从保障重点、保证民生的社会管理角度全方面认定重要用户。应依照重要用户的特性沿用重要用户分级保障制度，确定在抢修恢复过程中重要用户的保障顺序。

3.1.2　电力应急联动的资源整合与调度能力提升

有效的电力应急处置需要整合各种资源，没有资源的整合与调度，电力应急处置机制就无法正常运行。人、财、物等资源是电力应急处置应对成败的关键之一。

（1）加大投入，建立电力应急资源储备体系。

（2）积极探索应急资源管理模式。可以考虑统一整合应急发电车、应急发电机、应急通信车等投入大、成本高的电力应急资源，探索贴合实际电应急资源管理模式，在发生电力突发事件的情况下，提高应急资源的使用效率。

（3）应急资源储备应实现系统化管理。当前应急资源呈分散性储备，尚无统一的数据库对各类别的应急资源进行设备类型、数量、存放地点等信息的统一收集和整理。建议建立省、市两级的应急资源数据库，在发生应急事件时，能够有效帮助决策部门了解应急资源的储备情况，从而快速有效地开展应急资源的统一调配工作。

（4）加强电力应急队伍建设。加强专业应急管理人员培训，建立专业的救援队伍，尽量吸收不同专业的专家人员，以保证公共危机救治时所需的各种人力资源要求。

3.1.3 应急信息的传递与沟通机制建设

3.1.3.1 建立信息交换与共享机制

联席会议制度为电力应急联动奠定了制度性基础。电力应急的信息交换与共享机制可以依托联席会议制度,在日常工作中应逐步在制度上和技术上明确各成员单位应当交换和共享的信息,明确信息边界权限:哪些信息是应该共享的,哪些是涉密的;在应急处置过程中以高效化、实时化、最大程度共享化为原则进行信息交换和共享,并将信息交换和共享机制制度化。

3.1.3.2 以通用信息平台促进信息传递和信息统一

面对信息传递有障碍和各部门信息不对应的问题,可对应急成员单位采取通用和专业两套平台并行的措施。即建立一套通用信息平台,各成员单位将应急信息上传至该平台,实现通用平台的信息共享;其他相关企业可以保留原有内部信息平台,实现内部信息的传递共享。两套平台并行的措施能够有效实现信息流的纵向(内部平台)及横向(通用平台)的流动。

对于对电力依存度大的通信企业,应该做好事前联动工作,主动或通过联席会议等机制与当地电力企业协调,两个行业的线路名称、地理信息等方面进行信息的统一或对接,从而避免一旦发生停电因信息混乱而影响抢修工作。

3.1.3.3 应急信息的传递和告知方式多元化

在可预判的事故来临前以及事故发生时的信息传递和发布方式十分重要。在重要部门,应当配备除一般民用通信方式以外的紧急通信方式,例如专线电话、卫星电话等。在发生常规通信方式受阻时，应当果断采取措施，使用非常规的通信手段。例如汕尾、湛江两地供电局等单位提出在台风后的抢险救援过程中，部分区域中国移动手机没有信号，但中国电信的手机有信号，因此给许多抢修队伍和人员紧急配备了电信手机保证联络。现场救援根据移动电话网络覆盖情况进行选择性地使用，并将其作为应急机制进行联动，有效保障了通信。在通信失效的极端条件下，采用人工信息传递的方式也是一种保障措施。

在应急信息发布方面，除了官方渠道外，使用好新型网络、手机平台能够有效地实现信息的发布。在大面积停电地区，无线电广播是最有效的公众信息发布方式。此外，横幅、标语等宣传信息对应急信息的传递也可以起到积极作用。

多元化的信息传递方式能够有效解决临时设备的二次破坏问题。如通过政府企业的通用平台结合图文告知修复信息、地理位置信息等；通过无线电广播、悬挂标志牌等方式告知现场人员等。

3.2 调度控制应急协同处置趋势展望

3.2.1 城市电力突发事件多源数据采集与传输

城市电力突发事件的发生往往具有不确定性，发生的原因多种多样，涉及多个相关领域数据，例如天气信息、电网受损数据、用户用电负荷数据、电网基础数据、电网历史维修数据等。通过多源信息采集和融合技术对这些多源数据进行采集与传输，汇聚成城市电力突发事件大数据库，确保数据的实时性。

3.2.2　加强信息协同

电网企业协同应急处置应以信息协同为核心。信息是开展故障或异常协同应急处置的核心资源，是保证应急决策和应急处置效果的关键所在。在电网企业应急管理的实践中，突发事件的信息沟通共享机制还不完善。因此，应急管理应该着重加强信息协同作为构建电网新型应急协同模式的主要方向。

电网企业协同应急处置更加注重应急信息的双向流动和多元需求。要从制度约束和管理需求上使突发事件信息能够自动、自觉地向应急管理办事机构汇聚，形成"信息洼地"；从技术上打造突发事件信息的"云服务"，信息经过统一的汇聚后形成"信息资源地"，使信息的收集、共享、沟通变得更加顺畅和便利，使得突发事件信息在各级应急主体之间"双向流动"。

3.2.3　应急协同管理体系建设

电网企业协同应急处置应完善相应的应急协同管理体系，提高应急协同的效率。加快建立应急协同的组织体系，高度整合行政值班、安全生产、调度生产、营销服务、运维检修和舆情监测等多个专业的应急协同职能。详细规划各个机构的角色定位和主要工作，明确同一层级和不同层级单位部门之间在应急管理中的具体分工和协作内容，制定可操作性强、通用化的工作流程和工作标准，打破壁垒，打造上下统一、简单高效的协同应急处置体系。

3.2.4 电力突发事件大数据分析

在多源数据采集与传输结束后，对所采集的数据进行实时处理、分析和融合，融合各类信息，挖掘数据中潜在的价值。通过故障定位与识别技术对异常数据进行处理，对可能引起突发事件的电力设备进行故障定位与识别，然后通过风险评估与预警技术进行突发事件风险评估以及动态监测预警，加强城市电力突发事件的智能监测与风险预警。

第二部分

故障协同处置案例

第4章

简单故障的协同处置

4.1 大型城市电网简单故障概述

在正常运行方式下的电力系统，受到单一元件故障扰动后，保护、开关及重合闸正确动作，不采取稳定控制措施，必须保持电力系统稳定运行和电网的正常供电，其他元件不超过规定的事故过负荷能力，不发生联锁跳闸。其故障类型包括：

（1）任何线路单相瞬时接地故障重合成功；

（2）同级电压的双回或多回线和环网，任一回线单相永久故障重合不成功及无故障三相断开不重合；

（3）同级电压的双回或多回线和环网，任一回线三相故障断开不重合；

（4）任一发电机跳闸或失磁；

（5）受端系统任一台变压器故障退出运行；

（6）任一大负荷突然变化；

（7）任一回交流联络线故障或无故障断开不重合；

（8）直流输电线路单极故障。

但对于发电厂的交流送出线路三相故障，发电厂的直流送出线路单极故障，两级电压的电磁环网中单回高一级电压线路故障或无故障断开，必要时可采用切机或快速降低发电机组出力的措施。

4.2 简单故障协同处置案例分析

4.2.1 单回线路跳闸的协同处置

案例一 RQE 线故障跳闸

一、事件概述

RQE 线是 T 省电网 220kV 枢纽变电站 RHY 变电站与 QD 变电站输电线路，是 T 省电网西部分区重要输电通道。

二、事件经过及处置过程

RQE 线双套纵联电流差动保护动作跳闸，重合良好，选 C 相。省调告运维单位：RQE 线带电查线，RQY 线安排特巡。省调通过查看辅助决策系统及询问相关运维单位知：RQE 线路故障跳闸，重合良好，选 C 相，RHY 站测距 11.30km，现场一、二次设备检查无异常。

经查为 RQE 线 34~35 号塔间线路下方树木侵犯安全距离，C 相导线有放电痕迹，有喷伤，无断股，不影响运行，经砍除 34~35 号塔中间侵犯安全距离的树木后，缺陷消除，相关方式恢复。现场照片如图 1 所示。

三、处置分析

树木侵犯安全距离是架空输电线路常见故障原因之一，线路运行人员要加强巡视，对于可能造成异物短接，侵犯安全距离的树木，早报告，早处理。线路开关跳闸后，值班调度员首先应了解变电站自互投及重要用户停电情况，查看辅助决策系统，监视电网潮流变化。值班人员应立即检查保护装置动作情况和开关有无异状，同时报告值班调度员。

图 1　线路树木侵犯安全距离

案例二　MDE 线故障跳闸

一、事件概述

MDE 线是 T 省电网 220kV 重要用户站 DG 站的两条电源线之一，DG 站是钢铁用户，对供电可靠性要求较高，MDE 为电源侧变电站。

二、事故经过及处置过程

MSC 站 MDE 线路纵联方向保护动作跳闸，重合良好，选 B相。省调告运维单位：MDE 线带电查线。省调通过查看辅助决策系统及询问相关运维单位知：MDE 线路故障跳闸，重合良好，选 B 相，DG 站测距 7.2km，现场一、二次设备检查无异常。

经查为 MDE 线 3 号塔 B 相引流线有放电痕迹，无断股，不影响运行，无须处理。经专业人员判断为雷击所致。

三、处置分析

雷击等恶劣天气造成跳闸是架空输电线路常见故障原因之一。线路开关跳闸后，值班调度员首先应了解变电站自互投及重要用户停电情况，及时查看辅助决策系统，监视电网潮流变化及相关线路有无过载，并及时调整。值班人员应立即检查保护装置动作情况和开关有无异状，同时报告值班调度员。

4.2.2 双回线或环网线路跳闸的协同处置

案例三 SJY 线故障跳闸

一、事件概述

SJY 线是 T 省电网 220kV 枢纽变电站 SGL 站与 JJX 站输电线路，是 T 省电网东部分区重要输电通道。

二、事件经过及处置过程

SJY 线双套纵联电流差动保护动作跳闸，重合不良，选 B 相。省调告运维单位：SJY 线带电查线，SJE 线安排特巡保电。省调通过查看辅助决策系统及询问相关运维单位知：SJY 线路故障跳闸，选 B 相，JJX 站测距 1.57km。线路全线架空线路，首先考虑试送。SGL 站 SJY2221 断路器试送成功，SJY 线方式恢复。

经查为 SJY 线 46 号塔大号侧 200m 处 B 相导线有放电痕迹，有喷伤，无断股，不影响运行，无须处理，线下有临时挖沟痕迹，判断为大型机械施工侵犯安全距离。

三、处置分析

大型机械等异物侵犯安全距离是架空输电线路常见故障原因之一。线路开关跳闸后，值班调度员首先应了解变电站自互投及重要用户停电情况，及时查看辅助决策系统。安排线路带线查线，对于枢纽变电站的重要输电通道，要安排特训保电，做出相应汇报。监视电网潮流变化及相关线路有无过载，并及时调整。值班人员应立即检查保护装置动作情况和开关有无异状，同时报告值班调度员。

线路开关跳闸自动重合（或试送）不良，开关检查无异常状时，值班调度员可选择线路一侧再试送一次。如线路中间有 T 接变电站或线路分段(段)开关，应拉开 T 接变电站或线路分段(段)开关后进行分段试送。当开关检查有异状时，可用对侧开关或旁路开关带路试送。

4.2.3 单台主变压器跳闸的协同处置

案例四 BM 变电站 3 号主变压器故障跳闸

一、事件概述

BM 变电站是 T 省电网重要的 220kV 负荷变电站，对多座 35、10kV 变电站及重要用户站供电，共 2 台主变压器，主变压器分列运行，各电压等级均采用单母线分段运行方式。

二、事故经过及故障处置过程

BM 变电站 3 号变电器本体重瓦斯保护动作跳闸，35kV BS314 断路器速断保护动作跳闸，重合良好，2442、3442 断路器自投成功，3441 断路器自投不成功（零序 I 段及加速保护动作），35kV 母线失电。省调通知运维人员检查现场一、二次设备。

经对 BM 变电站 3 号变压器电气试验，查为绝缘油色谱试验不合格，直阻、变比、绕组变形指标超标，CO_2、C_2H_4、C_2H_2、总 CH 指标超标。经更换 3 号变压器后缺陷消除，相关方式恢复。

三、处置分析

变压器绝缘油异常容易使得变压器内部的金属、绝缘材料受到腐蚀，增加油的介质损耗，随之降低绝缘强度，造成变压器内闪络，容易引起绕组与外壳的击穿。出现瓦斯保护动作跳闸，应先投入备用变压器，然后进行外部检查。检查储油柜防爆门，各焊接缝是否裂开，变压器外壳是否变形；最后检查气体的可燃性。

变压器断路器跳闸后，首先应监视其他运行变压器及相关线路的过载情况，并及时调整，如有备用变压器应迅速将其投入运行，并注意电网继电保护对变压器中性点接地数量的要求，尤其是要防止 110kV 网络失去中性点接地。然后再检查继电保护动作原因和变压器有无异状。

变压器断路器因重瓦斯保护动作跳闸，值班人员检查判明是瓦斯保护误动，变压器检查无异状时，值班调度员可根据现场申请试送一次。如检查证明是因为可燃气体而使保护装置动作时，则变压器未经详细试验检查不得投入运行。

案例五　YBL 变电站 4 号主变压器故障跳闸

一、事件概述

YBL 变电站是 T 省电网重要的 220kV 变电站，对多座 110、35kV 变电站供电。

二、事故经过及处置过程

YBL 变电站 4 号变压器 PST－1200 Ⅱ差动保护动作跳闸，通知运维人员检查站内设备。综合智能告警正确推图，快速判断系统无故障信息推送。省调告设备运维单位抓紧联系处理。

经查为：YBL 变电站恢复 4 号变压器送电过程中合上 2204 断路器后，PST－1200 Ⅱ差动保护未躲过励磁涌流，造成该套差动保护动作，致使 4 号变压器跳闸，现场照片如图 1 所示。一、二次设备检查无问题，具备送电条件，YBL 变电站 4 号变压器方式恢复。

图 1　保护误动二次空气开关偷跳

三、处置分析

变压器断路器跳闸后，首先应监视其他运行变压器及相关线路的过载情况，并及时调整，如有备用变压器应迅速将其投入运行，并注意电网继电保护对变压器中性点接地数量的要求，尤其是要防止 110kV 网络失去中性点接地。然后再检查继电保护动作原因和变压器有无异状。

变压器开关因差动保护动作跳闸，值班人员检查证明不是由于变压器内部故障引起，变压器检查无异状时，值班调度员可根据现场申请试送一次，或利用发电机零起升压的方法给变压器加压一次。

简单故障的协同处置主要包括任何线路单相瞬时接地故障重合成功；同级电压的双回或多回线和环网，任一回线单相永久故障重合不成功及无故障三相断开不重合；同级电压的双回或多回线和环网，任一回线三相故障断开不重合等类型。

线路断路器跳闸后，值班调度员首先应了解变电站自互投及重要用户停电情况，及时查看辅助决策系统，监视电网潮流变化及相关线路有无过载，并及时调整。值班人员应立即检查保护装置动作情况和开关有无异状，同时报告值班调度员。

全程电缆线路在正常运行时应停用重合闸，线路跳闸一般为永久性故障，故断路器跳闸后原则上不进行试送，但中间带有重要负荷时，如有必要可以试送一次。对于负荷站另外两条电源线安排特巡保电。通知相关地调做好事故预案。

变压器断路器跳闸后，首先应监视其他运行变压器及相关线路的过载情况，并及时调整，如有备用变压器应迅速将其投入运行，并注意电网继电保护对变压器中性点接地数量的要求，尤其是要防止110kV网络失去中性点接地。然后再检查继电保护动作原因和变压器有无异状。变压器故障，值班调度员应根据继电保护动作情况，分别进行处理。

第 5 章

复杂故障的协同处置

5.1 大型城市电网复杂故障概述

　　大型城市电网的运行受到城市内部资源的约束，如变电站选址、架空走廊、地下通道资源和城市景观等。同时，电网还受到电力系统基本运行条件的约束，如短路电流水平、电压稳定裕度等。通常来讲，大型城市电网处于电网发展的较高水平阶段，其所供电的区域属于电网的 A 或 A+区域。在这些供电区域内，220kV 变电站采用两级转供电深入负荷中心的供电方式；220kV 输电网受到短路电流水平和供电能力的约束多采取分区运行；35、110kV 电网则采用链式结构建设、开环运行方式；10kV 中低压配电网则以采用单环网或双环网的供电方式。此外，变电站多采用户内或半户内站型式，110kV 及以下线路以电缆为主、架空线路为辅。

　　综上所述，大型城市电网的重要特点是电缆较多、城市内部电网故障多为永久性故障。受到复杂故障扰动时，电网不仅要能保持稳定运行，还需要有能力最大限度地避免采取切负荷的措施，提升特大型城市负荷中心的供电可靠性。

　　根据《电力系统稳定导则》所述，电网的复杂故障类型包括：

（1）单回线单相永久性故障重合不成功及无故障三相断开不重合；

（2）任一段母线故障；

（3）同杆并架双回线的异名两相同时发生单相接地故障重合不成功，双回线三相同时跳开；

（4）直流输电线路双极故障。

针对各类复杂电网故障，特大型城市电网在应对处置复杂故障时的总体技术原则可以概括为以下几个方面：

（1）迅速对事故情况做出准确判断，限制事故发展，防止事故扩大，消除事故根源，解除对人身和设备安全的威胁；

（2）用一切可能的方法，保持对用户的正常供电、供热和设备的连续运行；

（3）尽快对已停电、停热的用户恢复送电、供热，对甲类用户应尽可能优先恢复；

（4）通知有关运行单位组织抢修；

（5）及时调整电网运行方式，使其恢复正常。

由于直流输电线路多用于远距离大容量功率传输，大型城市电网内部并不调度直流输电线路，因此，本章以前三种故障为主分析大型城市电网在遇到复杂故障时的处置方式与特点。

5.2 复杂故障协同处置案例分析

5.2.1 单回线路永久性故障的协同处置

案例一　BH 线电缆线路故障

一、事件概述

BH 线是 T 省电网 220kV 枢纽变电站 HGS 变电站的三条电源线之一。HGS 变电站地处金融商业中心，承担向周边商业综合体、大型超市、医院、写字楼及居民区供电。

二、事故经过及处置过程

BH 线双套纵联电流差动保护动作跳闸。负荷侧站内自投保护动作。省调通过查看辅助决策系统了解保护动作情况，由于 BH 线为全电缆线路，故不考虑试送。同时告运维单位：故障线路带电查线，负荷站另外两条电源线安排特巡保电。通知相关地调做好事故预案。

经检查为因地铁勘察打孔将线路电缆打穿，现场照片如图 1 所示，经更换电缆，重做电缆头后，缺陷处理完毕，相关方式恢复。

三、处置分析

因地铁勘察打孔将线路电缆打穿机械损伤等施工作业造成的外力破坏性机械损伤是电力电缆常见故障原因之一。线路开关跳闸后，值班调度员首先应了解变电站自互投及重要用户停电情况，监视电网潮流变化及相关线路有无过载，并及时调整。值班人员应立即检查保护装置动作情况和断路器有无异状，同时报告值班调度员。

图1　线路电缆打穿

全程电缆线路在正常运行时应停用重合闸，线路跳闸一般为永久性故障，故断路器跳闸后原则上不进行试送，但中间带有重要负荷时，如有必要可以试送一次。对于负荷站另外两条电源线安排特巡保电。通知相关地调做好事故预案。

案例二　HCL 站 C22 线路出口电缆外力破坏故障

一、事件概述

HCL 变电站是一座 110kV 负荷站，有 110kV 和 10kV 两个电压等级，10kV C22 线路所带负荷以本地居民负荷为主兼有少量商业负荷。事故前 C22 线路为正常方式，所有线路开关正常运行，SKC2203－04 号联络开关断开。

二、事故经过及处置过程

HCL 变电站 C22 单元间隔零序保护动作跳闸，无重合闸（全程电缆线路），损失负荷 1100kW，造成 15 座居民小区配电室停电。05:58 现场发现故障点：HCL 站 C22 线路出口电缆遭外力破坏，三相遥测不合格。06:35 C22 线路被反带，所有停电负荷全部恢复。X＋7 日 19:16 电缆故障处理完毕。20:07 C22 线路恢复正常方式。

三、处置分析

城市电网中电缆因外力故障属于常见故障类型之一，电缆故障发生后，值班调度员首先应了解变电站自互投及重要用户停电情况，监视电网潮流变化及相关线路有无过载，并及时调整。值班人员应立即检查保护装置动作情况和开关有无异状，同时报告值班调度员。

全程电缆线路在正常运行时应停用重合闸，线路跳闸一般为永久性故障，故开关跳闸后原则上不进行试送，但中间带有重要负荷时，如有必要可以试送一次。对于负荷站另外两条电源线安排特巡保电。此外，需要尽快通知运维人员进行故障电缆抢修工作，尽快恢复电网方式。

案例三 JZS 站 J54 线路电缆中间头 A 相烧

一、事件概述

JZS 变电站是一座 110kV 负荷站，有 110kV 和 10kV 两个电压等级，10kV 出线所带负荷以本地居民负荷为主兼有少量商业负荷。事故前 J54 线路为正常方式，所有线路开关正常运行，TBJ3103－02 号联络开关断开。J54 为配网自动化线路，自愈策略投入。

二、事故经过及处置过程

JZS 站 J54 断路器零序保护动作跳闸，重合闸停用（自愈启动：拉开 TBJ5403 - TBJ5404 - 02 号断路器，控分失败，扩大隔离范围，拉开 TBJ5403 - TBJ5404 - 03 号断路器，控分失败，扩大隔离范围，拉开 TBJ5406 - 02 号断路器，合上 TBJ3103 - 02 号断路器）。调控指挥现场操作控分失败的断路器，将停电范围缩小至自愈判断的范围。现场发现故障点：THJ5401 - 03 号断路器至 TBJ5401 - TBJ5402 - 01 号断路器之间电缆 A 相摇测不合格（未发现外力破坏）。故障点隔离，J54 线路全部停电用户恢复供电。电缆中间头 A 相烧故障处理完毕。J54 线路方式恢复正常。

三、处置分析

电缆头属于两段电缆之间的结合部位，因外力破坏或电缆自身质量问题，电缆头均可能出现故障。当电缆发生故障后，值班调度员可根据现场运维人员检查情况尽快将故障电缆段隔离，隔离后，迅速恢复对用户的供电。在此情况下，故障电缆可以根据检修计划工作及时处置，恢复原线路正常运行方式。

5.2.2 母线故障的协同处置

案例四 YBL 变电站 220kV-5 乙母线跳闸

一、事件概述

YBL 变电站是 T 省电网 220kV 枢纽变电站。主要为周边经济开发区等大用户提供电源。220kV 母线为双母线接线方式，母联断路器正常方式为合位。

二、事故经过及处置过程

YBL 变电站 220kV 乙母线双套母差保护动作跳 220kV-5 乙母线断路器,远跳对侧断路器。省调通知运维人员现场检查一、二次设备。

经停电检查为 220kV-5 乙母线筒内 2204 断路器单元至 DYE2218 断路器单元之间 B 相母线绝缘件破损,更换 220kV 所有气室间盆式绝缘子后缺陷处理完毕,相关方式恢复正常。现场照片如图 1 所示。

图 1 单母线跳闸

三、处置分析

城市电网变电站多采用户内站或半户内站,母线多为 GIS 设备。在此情况下,GIS 母线穿柜套管绝缘损坏引起短路故障属于母线的常见故障。

当发生母线故障时,厂站值班人员应根据仪表指示、信号显示、保护装置动作情况、事故现象(如火光、冒烟、爆炸声等)迅速判断事故位置及原因。如母线故障停电,则应拉开故障母线上所接的全部断路器，对母线设备进行检查，同时报告值班调度员。如母线故障并有明显的故障点，应迅速将故障点消除或隔离，恢复母线送电；将故障母线元件切换到非故障母线运行，此时应确认元件无故障、断路器已断开，并采用母线隔离开关先拉后合的方法。

案例五 NH变电站110kV-4母线故障跳闸

一、事件概述

NH变电站是T省电网220kV枢纽变电站。主要为周边经济开发区、钢铁企业等大用户提供电源。110kV母线为双母线接线方式，母联断路器正常方式为分位。

二、事故经过及处置过程

NH变电站101断路器跳闸，110kV-4母线停电。省调询问NH地调知NH变电站110kV-4母线出线所带负荷均自投成功，无负荷损失。省调通知运维人员现场检查一、二次设备。现场检查发现NH变电站110kV-4母线4-9TV二次三相空气开关跳开，具体原因需待专业人员进一步检查。省调通知NH地调将NH变电站110kV-4母线上其调度范围内出线断路器倒至110kV-5母线。并将NH变电站145断路器、101断路器转检修。

经现场检查发现NH变电站4-9PT二次空气开关损坏跳开，同时101断路器电流较小未闭锁自投保护（101断路器电流约76A，变比1200/5，二次值0.32A，为有流判据定值临界值），造成145断路器自投保护误动作跳101开关，因145开关自投装置开入插件中101开关位置开入光耦故障，无法正确判断101开关位置，导致自投未合145开关。经专业人员更换4-9PT二次空气开关及 145 自投装置开入插件,缺陷消除,相关方式恢复正常。

三、处置分析

装设在母线上的电压互感器及母线与断路器中间的电流互感器发生故障是母线常见故障原因之一。当发生母线故障时,厂站值班人员应根据仪表指示、信号显示、保护装置动作情况、事故现象(如火光、冒烟、爆炸声等)迅速判断事故位置及原因。如母线故障停电,则应拉开故障母线上所接的全部开关,对母线设备进行检查,同时报告值班调度员。

值班调度员接到现场报告后要根据电网运行情况迅速判明故障性质。故障母线经检查无问题或故障元件已隔离,值班调度员可利用发电机零起升压的方法(发电机经升压变给母线加压时,110kV 或 220kV 侧中性点必须接地)或用电源给母线加压一次。

案例六 CZZ 变电站 35kV-5 乙母线故障跳闸

一、事件概述

CZZ 变电站是 T 省电网 220kV 枢纽变电站。坐落于市区,主要为周边商业、医院、居民提供电源。35kV 母线为单母线分段接线方式。

二、事件经过及处置过程

CZZ 变电站 35kV-5 乙母线母差保护动作跳闸。综合智能告警系统、故障信息快速判别系统正常推送信息。省调询问 CZZ 变电站 35kV-5 乙母线出线所带负荷均自投成功,无负荷损失。省调通知运维人员现场检查一、二次设备。

经检查发现 CZZ 变电站 35kV-5 乙母线避雷器三相出现闪

络且母线与墙壁处支持绝缘子碎裂，现场照片如图1所示，导致 35kV-5乙母线过流保护Ⅰ、Ⅱ、Ⅲ段保护动作跳闸。经检修更换 CZZ 变电站 35kV-5 乙母线三相避雷器及母线与墙壁处三相支持绝缘子后，缺陷消除，相关方式恢复。

图1　主变压器支持绝缘子闪络

三、处置分析

当发生母线故障时，厂站值班人员应根据仪表指示、信号显示、保护装置动作情况、事故现象（如火光、冒烟、爆炸声等）迅速判断事故位置及原因。如母线故障停电，则应拉开故障母线上所接的全部断路器，对母线设备进行检查，同时报告值班调度员。

值班调度员接到现场报告后要根据电网运行情况迅速判明故障性质。如母线故障并有明显的故障点，应迅速将故障点消除或隔离，恢复母线送电；故障点隔离应有明显断开点；将故障母线元件切换到非故障母线运行，此时应确认元件无故障、断路器已断开，并采用母线隔离开关先拉后合的方法；故障母线经检查无问题或故障元件已隔离，值班调度员可利用发电机零起升压的方法（发电机经升压变给母线加压时，110kV 或 220kV 侧中性点必须接地）或用电源给母线加压一次。

5.2.3　同杆并架双回线路同时跳闸的协同处置

案例七　WN 双回线故障跳闸

一、事件概述

WN 双回线是 T 省电网连接 500kV WZ 站和 220kV QNH 站的重要环网线路，对供电可靠性要求较高。

二、事件经过及处置过程

WN 一、二线双套纵联电流差动保护动作跳闸，其中 WN 一线重合闸动作，重合不良，故障选 A 相；WN 二线断路器三跳未重合，故障相选 B、C 相，QNH 站测距 5.6km，WZ 站测距 2.5km。省调通过查看辅助决策系统了解保护动作情况，经对运维单位了解查线发现 WN 双回线（同杆并架）10～11 号塔线下荒草着火导致线路跳闸，线路试送成功，相关方式恢复。

查为 WN 一线 11 号塔小号侧 200m 处下线（C 相）、WN 二线 11 号塔小号侧 200m 处中线及下线（BC 相）导线有喷伤，无断股，不影响运行，无须处理。

三、处置分析

线路开关跳闸后，值班调度员首先应了解变电站自互投及重要用户停电情况，监视电网潮流变化及相关线路有无过载，并及时调整。值班人员应立即检查保护装置动作情况和开关有无异状，同时报告值班调度员。

当线路开关跳闸后，厂、站值班人员应按照值班调度员的指令对开关等设备进行外部的带电检查，并将检查结果及时汇报值班调度员。如未发现任何故障现象（如溅油、大量喷油、冒烟、开关位置移动和套管断裂等），且故障线路非全电缆线路（或故障点测距未在混合型输电线路的电缆段）时，值班调度员可下令试送一次。

5.2.4 其他复杂故障的协同处置

案例八 恶劣天气条件下输电线路相间短路故障 DWE 线故障跳闸

一、事件概述

220kV DWE 线是 T 省电网连接 500kV DL 站与 220kV WGD 站输电线路，是 T 省电网中部分区重要输电通道。

二、事件经过及处置过程

DWE 线双套纵联电流差动保护动作跳闸，选 AB 相，重合闸未动作。省调通过查看辅助决策系统知：DWE 线路故障跳闸，选 AB 相，WGD 站测距 15.5km。因同一时刻，相距较近的 DY 线跳闸，且天气情况恶劣，故不考虑试送。同时告运维单位：DWE 线带电查线，DWY 线安排特巡。

经查为 DWE 线 20～21 号塔 AB 相因大风造成导线舞动放电，导致线路跳闸，导线有放电痕迹，无断股，无须处理。

三、处置分析

输电线路可能因为恶劣天气（雷击、覆冰、污闪等）造成跳闸，在此情况下，当输电线路发生故障时，当值调度员需要根据实际情况决策是否进行试送。如果天气情况十分恶劣，当值调度员可以不进行试送。但是，此时为保证电网安全运行，需要线路运维人员尽快进行带电巡线，确定事故情况，以辅助调度人员进一步处置事故。

案例九　发电厂并网线路单相永久性故障

一、事件概述

220kV JBY 线是 T 省电网连接 JC 9 号发电机至 220kV BTK 站的并网输电线路，该线路为架空、电缆混合线路。

二、事件经过及处置过程

JBY 线双套纵联电流差动保护动作跳闸，选 A 相，重合不良。省调通过查看辅助决策系统知：JBY 线路故障跳闸，选 A 相，BTK 站测距 10.5km，测距位于架空线路部分。当值调度员通知电厂机组维持转速，同时告运维人员尽快到站检查。JC 与 BTK 运维人员向当值调度员汇报站内一、二次设备无异常。在此情况下，当值调度员为保证整体电网电力平衡，依据测距信息决定进行试送，试送不成功后，通知电厂机组停机。

经查为架空线路与电缆线路交接处电缆头绝缘下降，导致线路跳闸，经更换电缆后缺陷消除，线路方式回复，机组恢复并网。

三、处置分析

线路开关跳闸自动重合（或试送）不良，开关检查无异状时，值班调度员可选择线路一侧再试送一次。电厂并网线路跳闸后，当值调度员可命令电厂机组维持转速，若线路试送成功，可以命令电厂机组并网。

线路故障开关跳闸后，无论重合或试送成功与否，值班调度员均应通知运行单位带电查线，同时告知有关保护装置动作情况以及故障测距数据，并在运行方式方面采取措施，尽速恢复对已停电用户的供电，运行单位必须及时将查线结果报告值班调度员。发现故障点后，及时通知有关单位组织抢修。

大型城市电网的重要特点是变电站以 GIS 设备为主、电缆较多，此时，城市内部电网故障多为永久性故障。受到复杂故障扰动时，电网可能出现电力用户停电的情况，特别是当故障发生在负荷中心时，可能造成医院、地铁牵引站等重要用户停电。因此，当值调度员需要有能力最大限度地避免采取切负荷的措施并根据实际情况尽快恢复城市电力用户供电。

根据现场运维人员一、二次设备检查情况，当值调度员可对架空线路进行试送，对电缆线路则应首先考虑分段试送、隔离故障点、恢复用户供电。若电网母线发生故障跳闸，当值调度员应尽快了解母线出线线路情况，及时调整电网方式，控制事故范围，同时应同上下级调度做好协调、指挥现场运维人员开展母线设备检查，尽快恢复线路供电，减少因母线故障造成的电网方式变化。

第6章

多重严重故障的协同处置

6.1 大型城市电网多种严重故障概述

电力系统因故障导致稳定破坏时，必须采取措施，防止系统崩溃，避免造成长时间大面积停电和对最重要用户（包括厂用电）的灾害性停电，使负荷损失尽可能减少到最小，电力系统应尽快恢复正常运行。其故障类型包括：

（1）故障时开关拒动；

（2）故障时继电保护、自动装置误动或拒动；

（3）自动调节装置失灵；

（4）多重故障；

（5）失去大容量发电厂；

（6）其他偶然因素。

简单故障协同处置案例分析

6.2.1 故障时开关拒动的协同处置

案例一 WZ变电站220kV-5甲母线故障跳闸

一、事件概述

WZ变电站是T省电网500kV枢纽变电站。为T省220kV主网提供重要电源。220kV母线为双母线双分段接线方式，分段断路器正常方式为分位，母联断路器正常方式为合位。WHY线为WZ变电站与HY变电站的重要联络通道。

二、事故经过及处置过程

WHY线双套纵联电流差动保护动作跳闸，WZ变电站测距2.6km，选B相，重合闸未动作；HY变电站测距10.4km，选B相，重合不良。0.6s后，WZ变电站220kV-5甲母线失灵保护动作（联切5号变压器），切除母线上除WHY线路断路器外所有断路器，WZ变电站所带负荷站自投保护动作。省调检查综合智能告警及快速判别系统推送正常。省调通知运维人员现场检查一、二次设备，通知运维单位带电查线。

经查为WHY线6号塔大号侧B相导线100m处有放电痕迹，有喷伤无断股，无须处理，线路跳闸原因为架空地线因雷击坠落，侵犯线路安全距离。WZ站WHY线路断路器三相为分闸位置，B相内部卡死无法进行操作，经更换WHY线路断路器三相本体后，缺陷处理完毕。相关方式恢复正常。现场照片如图1所示。

图1 开关本体故障拒动

三、处置分析

一旦发生断路器的拒分拒合事故，调度员一定要严格按照事故处理流程及调度运行规定，认真听取现场运行人员的检查分析报告，仔细查看调度自动化系统的断路器变位信号，分析具体的保护动作情况，做出准确的判断，不可盲目求快，当值调度应加强联系和沟通，相互之间加强监护，及时准备事故处理方案，做好相关人员的通知调配，做好转移负荷，尽快隔离故障，恢复送电的准备。

6.2.2 多重故障的协同处置

案例二 YY 变电站 110kV－4－5 母线故障跳闸

一、事件概述

YY 变电站是 T 省电网 220kV 枢纽变电站。坐落于 JZ 区，主要为周边商业、铁路、医院、居民提供电源。

二、事故经过及处置过程

YY 站 YDE 线路开关零序一段、接地距离一段保护动作掉闸，选 C 相，110kV-4-5 母差保护动作，110kV-4-5 母线失电。省调通知运维人员现场检查一、二次设备。

经查为大风将 YY 站北侧葡萄园的锡箔塑料带吹起，引发 YDE 线线路侧隔离开关 C 相导线、母线 TV 间隔隔离开关 A 相导线对门型架构放电，造成线路保护，母线保护动作跳闸。其他间隔一、二次设备检查无异常，110kV-4-5 母线方式恢复。现场照片如图 1、图 2 所示。

图 1　母线所属间隔放电痕迹

图2 双母线间隔对异物放电

三、处置分析

对母线故障跳闸,当值调度应记录时间、开关跳闸情况、光字及保护动作信号;对故障作初步判断,到现场检查故障母线上所有设备,发现放电、闪络或其他故障后迅速隔离故障点。对双母线变电站,当母联断路器或母线上电流互感器故障,可能造成两条母线均跳闸,此时,运行人员立即汇报调度,迅速查找故障点,隔离故障,按调度指令恢复设备供电。

案例三 HHD变电站1、2号主变压器先后故障跳闸

一、事件概述

HHD变电站是T省电网重要的220kV枢纽变电站,对多座110、35kV变电站及TJ重要用户站供电,是TJ重要用户站附属电厂的并网点。

二、事故经过及故障处置过程

HHD变电站1号变压器双套差动、本体重瓦斯保护动作跳

闸，切主变压器三侧断路器，低压侧自投成功。1 号变压器"排油注氮压力释放阀启动"信号告警。全站"消防火灾告警装置动作"信号告警。10min 后，HHD 变电站 2 号变压器本体重瓦斯保护动作跳闸，切主变压器开关，2 号变压器"绕组温度高""本体压力释放""本体油温高""排油注氮断流阀启动""排油注氮压力释放阀启动"信号告警。2 号变压器跳闸后，HHD 变电站110kV-4-5、35kV-4-5 母线失电，TJ 用户站附属电厂 1 号、2 号 G 与系统解列。省调通知运维人员现场检查一、二次设备省调将 HHD 变电站 145 断路器、110kV-4-5 母线以当前方式借予 BH 地调，由 BH 地调通过 HHD 变电站 HWY111 断路器反带110kV-4-5 母线出线。

运维单位现场检查发现 HHD 变电站 1 号变压器着火、2 号变压器散热器室冒烟，导致 1、2 号变压器双套差动保护、本体重瓦斯跳闸。1、2 号变压器暂时不具备检查送电条件。

BH 地调通过 HHD 变电站 HBH325 断路器反带其调度范围内 35kV-5 母线，通过 HEJ314 断路器反带其调度范围内 35kV-4 母线，将停电负荷全部发出。BH 地调安排 HWY 线、HBH 线、HEJ 线特巡保电。

TJ 用户站检查发现 145 断路器自投未动作，站内低压所带35kV 变电站自投成功。手动合上 145 断路器后，由 HAJ 线带全站负荷。省调通知其做好全停预案。

TJ 用户站附属电厂检查发现：1 号发电机真空低保护动作跳闸。2 号发电机因 HEJ 线失电后联切 TJ 用户站附属电厂 114 断路器及 102 断路器跳闸。人工启动 2 号真空泵后，1 号发电机并网。

HHD变电站经更换2号变压器35kV穿墙套管、35kV避雷器计数器、重做35kV-5母线热缩后缺陷消除，2号变压器恢复送电，电厂方式恢复。经更换HHD变电站1号变压器后，方式恢复正常。现场照片如图1、图2所示。

图1 主变压器所属电缆夹层着火 　　图2 主变压器着火

三、处置分析

变压器开关跳闸后，首先应监视其他运行变压器及相关线路的过载情况，并及时调整，如有备用变压器应迅速将其投入运行，并注意电网继电保护对变压器中性点接地数量的要求。然后再检查继电保护动作原因和变压器有无异状。

变压器开关因重瓦斯保护动作跳闸，值班人员检查判明是瓦斯保护误动，变压器检查无异状时，值班调度员可根据现场申请试送一次。如检查证明是因为可燃气体而使保护装置动作时，则变压器未经详细试验检查不得投入运行。

6.2.3 大容量发电机组与主网解列的协同处置

案例四 FX 二线因雷击导致电厂全停

一、事件概述

500kV FX 二线正常运行，负荷为 105.77 万 kW。FG 电厂单线并网，2 台 60 万 kW 机组均由 FX 二线供电。

故障区段天气：雷阵雨，6～8℃，西南风 3～4 级，故障山区 6℃，4 级风，强雷暴天气。

二、事故经过及故障处置过程

500kV FX 二线 A、C 相间故障跳闸。500kV XZ 站双套主保护动作，故障录波器测距 27.547km，对应杆号约为 357～359号；500kV XD 开关站保护测距 27.3km，对应杆号为 359～360号。14 时 15 分，500kV FX 二线试送成功。16 时 5 分，356 号登塔人员发现放电点。356 号铁塔端放电痕迹：中 V 串右侧铁塔端的调整板，均压环有明显放电痕迹。356 号 A 相放电痕迹：右相大号侧线夹出口 2m 处有放电痕迹。356 号 C 相放电痕迹：左相大号侧线夹出口 3m 处有放电痕迹。根据保护测距情况、故障点周边群众反馈信息、雷电定位系统检测到的落雷情况、现场特巡发现故障点，可综合判定故障原因为超设计反击耐雷水平，导致 356 号 A、C 相接地短路跳闸。现场照片如图 1、图 2 所示。

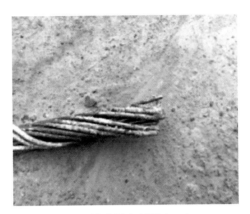

图1 线路雷击断裂（一）

图2 线路雷击断裂（二）

三、处置分析

当发电厂机组解列事故发生时，应根据事故现象及继电保护动作情况，判断故障的性质与范围，并对发电机-变压器组及有关的设备作详细的外部检查，查明有无外部故障特征。

事故发生时，必须迅速查明事故原因，当值调度员应正确判断、密切监视电网频率变化及电网潮流情况，采取措施防止事故扩大，缩小事故范围，减小经济损失，并及时向上级汇报。

6.2.4　其他偶然因素导致跳闸的协同处置

案例五　地区因雷雨大风导致全停

一、事件概述

110kV CH 变电站负责 110kV HSZ 变电站、JD 变电站（用户）、FZC 牵引变电站（用户）供电。110kV HSZ 变负责 35kV QH 变电站（用户）、CYC 变（用户）、XH 变电站（用户）、QCC（用户）、HSC（用户）供电。

二、事故经过及故障处置过程

暴雨、大风极端天气造成 5 条 110kV 架空线路本体受损，分别是 110kV DC 一线、CH 一线、CH 二线、CQ 线、CJ 线。DC 一线 1217 断路器跳闸，接地距离Ⅰ段动作，分相差动动作，重合未成功；CD 二线断路器跳闸，分相差动动作、距离Ⅱ段保护动作，重合未成功；CH 一线 1261 断路器分相差动作、接地距离Ⅰ段动作，重合未成功；CJ1263 断路器距离保护动作，重合未成功；CH 二线 1262 断路器分相差动动作，重合未成功；CQ 一线 1281 断路器距离保护动作，重合未成功。

故障造成 110kV CH 变电站、HSZ 变电站、FZC 牵引变电站、JD 变电站，35kV QH 变电站、CYC、XH 变电站、QCC、HSC

失压，损失约 9.7 万 kW 负荷。本次事故停电范围包括 XF 路、WS 路、HK、BQ 街道、HQ 乡、DL 等地区，停电涉及北方特种能源集团公司等居民用户。

三、处置分析

在电网事故处理和控制中，将保证大电网的安全放在第一位，采取各种必要手段，防止事故范围进一步扩大，防止发生系统性崩溃和瓦解。在电网恢复中，优先保证重要电厂常用电源盒主干网架、重要输变电设备恢复，提高整个系统恢复速度。在供电恢复中，优先考虑对重点地区、重要用户恢复供电，尽快恢复社会正常秩序。

案例六　地区因电流互感器导致全停

一、事件概述

WN 地区由 8 座 330kV 变电站供电，故障前总负荷 193 万 kW。

330kV 高明变电站担负 WN 中北部地区及 DX 铁路牵引变压器供电。共有主变压器 2 台，容量为 2×240MVA，故障前负荷 240MW。330kV 双母线带旁路母线接线，Ⅰ、Ⅱ母线并列运行，共有出线 4 回（GW 线，GX 线，GQ 一、二线）；110kV 双母线接线，并列运行，共有出线 14 回，主供 20 座 110kV 变电站；35kV 单母线接线，带无功补偿及站用变。

二、事故经过及故障处置过程

330kV GM 变电站 3315 母联 B 相电流互感器发生炸裂，330kV Ⅰ、Ⅱ母母差保护动作跳闸，全部失压。110kV SZ 变电站等 8 座 110kV 变电站，共计 110MW 负荷自投到周边供电区。故障发生时站内无工作。

现场发现 3315 母联电流互感器 B 相瓷柱部分已完全炸裂损毁，3315 断路器 B 相因炸裂机械力拉倒损坏。相邻 2 组断路器、2 组隔离开关因炸裂碎片击打程度受损。解体发现 3315 母联电流互感器 B 相储油柜顶部锈蚀，潮气进入互感器内部造成油纸绝缘降低，形成击穿。

三、处置分析

在电网恢复过程中，当值调度负责协调电网、电厂、用户之间的电气操作、机组启动、用电恢复、保证电网安全稳定留有必要裕度。在条件具备时，优先恢复重点地区、重要城市、重要用户的电力供应。

电力企业应迅速组织力量开展事故抢险救灾，修复被损电力设施，恢复灾区电力供应工作。

从以上事故可以看到，电网事故原因复杂多样，主要包括以下几种。

（1）自然灾害和外力破坏影响大。雷雨、暴风等自然灾害对电网影响较大，电网设备难以抵御突发严重自然灾害；暴露出在自然灾害易发地区，部分输电通道在差异化设计、精益化运维、反事故措施落实等方面仍需加强；部分单位对区域网架结构薄弱风险认识不到位，度局部突发微气象应对能力不足，缺乏有效的处置措施和手段。

（2）设备质量问题突出。以往事件反映出 GIS、互感器、电抗器等设备质量故障多发，设备制造质量不良、装备工艺控制不到位、关键零件把关不严等问题突出，也反映出现有设备检测手段难以发现设备内部故障，不能全面实时检测设备健康状态，部分单位对突发的设备异常反应认识不到位、分析判断不准确、处置不及时，导致故障扩大。

（3）系统运维仍存在薄弱环节。运维人员技能水平不高、实际工作能力不强、"两票三制"流于形式；在发生异常情况是，对异常信号分析处置不当，对设备及保护原理、站用交流系统、直流系统原理接线不清楚。

（4）反事故措施执行落实不到位。部分单位设备运维管理不到位、现场安全管理薄弱、施工组织管理不力、人员技术能力不足、专业管理弱化、作业违章频发等问题，违反公司线路"三跨"反事故措施等要求的情况仍有发生。

当值调度员在处理事故时能抓住主要矛盾，恶劣天气下应尽可能保障电网结构稳定，防止事故扩大化。为杜绝事故发生，提高电网供电可靠性，现提出以下对策：

（1）全面排查安全风险。全面开展安全风险排查，查找安全管理薄弱环节和漏洞，制定防范措施，完善管理规章制度合工作规程，实现安全管理全覆盖。对已发生事故，仔细剖析事故根源，吸取事故教训，部署做好安全生产工作。

（2）加强员工安全知识培训。组织运输、仓储、售后服务、相关方、现场安装、境外人员和项目、生产车间等开展专题安全培训，对各专业人员进行工作流程、风险分析、安全保证措施、应急处置等培训，以提高各专业人员的安全意识和操作技能。

（3）强化相关方安全管理。与业务相关方签订安全协议，明确各方安全责任和义务，在相关方生产区域内开展作业时，要服从相关方安全监督管理，相关方在本单位生产经营区域开展作业时，应对相关方工作人员进行安全培训，并对相关方作业现场进行安全监督检查。

结　　语

　　新能源发电大规模接入，北方地区"煤改电"、铁路及地铁牵引站等重要民生负荷占比不断提高的大环境下，城市电网规模不断扩大，对调控一体化模式下的调控运行工作提出了更高的要求。大型城市电网要持续深入推进调控深度融合，提高城市电网调控机构驾驭复杂大电网能力，确保电网安全稳定运行，不断提升电网管控的安全、质量、效率、效益。

　　本书是在调控一体化模式下对近十年大型城市电网主要一次设备异常及故障处置进行的梳理和总结。通过理论与案例的结合，深入浅出的讲解，探讨了大型城市电网主要一次设备异常及故障处置的主要思路和要点，总结了在设备管理、故障检查、故障分析、故障处理等环节的宝贵经验。为专业技术人员和生产管理人员提供了技术参考，有助于提升特大型城市电网异常及故障协同处置水平，具有较强的专业指导意义。

　　感谢所有为此书出版付出心血的领导和同事！

参 考 文 献

[1] 吴任博，杨世兵，齐锐，等．电网调度技术支持系统发展方向研究[J]．电力与能源，2016，（2）：189－192．

[2] 刘育权，阳曾，郭金柱，等．构建主配协同、营配联动、扁平高效的特大型城市电网调度运行体系[C]//电力行业优秀管理论文集——2014年度全国电力企业优秀管理论文大赛获奖论文．2014．

[3] 杨海涛，祝达康，李晶，等．特大型城市电网大停电的机理和预防对策探讨［J］．电力系统自动化，2014，38（6）：128－135．

[4] 王强，黄志刚．特大型城市电网故障快速处置协同机制建设［J］．企业管理，2016（S2）：294－295．

[5] 褚艳芳，贺军，潘海涛，等．特大型城市中心城区电网规划一体化管理提升［J］．科技创新与应用，2016，（24）：198－199．

[6] 朱朝阳，于振，刘超．电力应急管理理论与技术体系研究［J］．电网技术，2011，（2）：178－182．

[7] 郭嘉韬．广东省大面积停电事件应急管理联动机制研究［D］．华南理工大学，2015．

[8] 陈亚辉，林仁，刘彦妮．基于大数据的城市电力突发事件应急监测研究［J］．现代盐化工，2018（2）．

[9] 鲁鹏，姜理源，纪宁，等．省级电网事故处理应急系统的构建［J］．自动化与仪器仪表，2018（4）．

[10] 邓彬，郝蛟，张宗包，等．特大城市电网调控一体化技术支持系统在

深圳电网的应用［C］//2017 智能电网新技术发展与应用研讨会论文集．2017．

［11］ 刘成．国内外特大城市电网结构对重庆电网规划的启示［J］. 低碳世界，2017，（36）：63－64．